# BEI GRIN MACHT SICH IHR WISSEN BEZAHLT

- Wir veröffentlichen Ihre Hausarbeit, Bachelor- und Masterarbeit

- Ihr eigenes eBook und Buch - weltweit in allen wichtigen Shops

- Verdienen Sie an jedem Verkauf

## Jetzt bei www.GRIN.com hochladen und kostenlos publizieren

**Christian Bienert**

# Chinesische Ernährungslehre und die Auswirkung des Wirtschaftsbooms auf die Kultur

GRIN Verlag

**Bibliografische Information der Deutschen Nationalbibliothek:**

Die Deutsche Bibliothek verzeichnet diese Publikation in der Deutschen National-
bibliografie; detaillierte bibliografische Daten sind im Internet über http://dnb.d-
nb.de/ abrufbar.

Dieses Werk sowie alle darin enthaltenen einzelnen Beiträge und Abbildungen
sind urheberrechtlich geschützt. Jede Verwertung, die nicht ausdrücklich vom
Urheberrechtsschutz zugelassen ist, bedarf der vorherigen Zustimmung des Verla-
ges. Das gilt insbesondere für Vervielfältigungen, Bearbeitungen, Übersetzungen,
Mikroverfilmungen, Auswertungen durch Datenbanken und für die Einspeicherung
und Verarbeitung in elektronische Systeme. Alle Rechte, auch die des auszugsweisen
Nachdrucks, der fotomechanischen Wiedergabe (einschließlich Mikrokopie) sowie
der Auswertung durch Datenbanken oder ähnliche Einrichtungen, vorbehalten.

**Impressum:**

Copyright © 2007 GRIN Verlag GmbH
Druck und Bindung: Books on Demand GmbH, Norderstedt Germany
ISBN: 978-3-656-50601-0

**Dieses Buch bei GRIN:**

http://www.grin.com/de/e-book/90479/chinesische-ernaehrungslehre-und-die-aus-
wirkung-des-wirtschaftsbooms-auf

**GRIN - Your knowledge has value**

Der GRIN Verlag publiziert seit 1998 wissenschaftliche Arbeiten von Studenten, Hochschullehrern und anderen Akademikern als eBook und gedrucktes Buch. Die Verlagswebsite www.grin.com ist die ideale Plattform zur Veröffentlichung von Hausarbeiten, Abschlussarbeiten, wissenschaftlichen Aufsätzen, Dissertationen und Fachbüchern.

**Besuchen Sie uns im Internet:**

http://www.grin.com/

http://www.facebook.com/grincom

http://www.twitter.com/grin_com

# Hausarbeit

„Prüfungsleistung im Fachgebiet Kultur und Ernährung"

„large dragon tea cake"

Fragestellung:

Wie sich die Chinesische Ernährungslehre über Jahrtausende
entwickelte und stellt der „Wirtschaftsboom" eine Gefahr für Chinas
Kultur dar?

HS Fulda Fachbereich  Oecotrophologie
Semester:            WS 2006/ 2007
Name:                Christian Bienert

Abgabedatum:         08.03.2007

# Inhaltsverzeichnis

# Abkürzungsverzeichnis

BIP     - Brutto Inlands Produkt
bspw. - beispielsweise
bzw.    - beziehungsweise
ca.     - circa
Dr.     - Doktor
etc     - et cetera (und so weiter)
gg.     - gegenüber
Jh.     - Jahrhundert
mm     - Millimeter
n. Chr. - nach Christi Geburt
Prof.   - Professor
S.      - Seite
TCM   - Traditionelle Chinesische Ernährung
v. Chr. - vor Christi Geburt
WTO   - World Traffic Organisation
z.B.    - zum Beispiel
%      - Prozent


Eine traditionelle Aussage von Dschuan Dsi - Wie man das Leben hüten soll

… „ Vor einer gefährlichen Straße, wo unter zehn Wanderern einer ermordet wird, da warnen Väter, Söhne und Brüder einander, und nur in Begleitung eines zahlreichen Gefolges lassen sie einander ziehen.
Wo aber den Menschen die größten Gefahren drohen, bei Nacht im Bett und bei Trink- und Essgelagen, da verstehen sie nicht, einander zu warnen.
Das ist der Fehler.“…

# 1. Einführung

## 1.1. Begründung

Die Chinesische Ernährungslehre hat eine sehr lange Tradition, sie steht deshalb auch im Mittelpunkt dieser Arbeit. Über Jahrtausende hat sie sich entwickelt und verfeinert. In China spiegelt sich das Essen in vielen Bereichen des täglichen Lebens wieder. Ich gehe in der Arbeit bewusst nicht weiter auf TCM ein, da sie so umfangreich ist, dass es einer extra Belegarbeit bedarf, um diese Thematik näher zu erklären. Ich habe mich auf die Entstehung der verschiedenen Küchen konzentriert und wie sich der Wirtschaftsboom auf die Chinesische Kultur und damit auch die Chinesische Küche auswirkt. Die Chinesische Küche ist so einzigartig und vielfältig das es sich lohnt sich mit der Geschichte dieser Kochkunst zu beschäftigen. Seit der Gründung der Volksrepublik China 1949 gab es eine Menge Versuche die Wirtschaft anzukurbeln. Als dies im Jahre 1978 zu ersten Erfolgen führte, folgte eine Reihe von Umstrukturierungen und die Lebensbedingungen in China begannen sich zu ändern.[01] Das birgt viele Gefahren in sich, denn alte Traditionen, Lebensweisheiten und die Jahrtausende alte Kultur können dabei verloren gehen und damit auch das Wissen über die richtige Ernährung.

## 1.2. Zielsetzung

Diese Hausarbeit soll klären, wie sich die traditionelle chinesische Ernährungslehre im Laufe der Zeit entwickelt und verändert hat und wie sie zu dieser einzigartigen Kunst wurde. Außerdem wird näher beleuchtet, ob der neuerliche Wirtschaftsboom und der damit verbundene Wandel Chinas auf diese Traditionen Auswirkung hat.

---

[01] - K. Seitz, 2000, S.145 ff

## 2.    Einleitung

China ist dabei zu einem der größten Mächte der Welt aufzusteigen. Seit 2003 gab es jährlich ein Wirtschaftswachstum, gemessen am BIP, von jeweils 10% gg. dem Vorjahr und die Prognosen verheißen keinen Abbruch. China will weiter wachsen. Es wird mit einem Wirtschaftswachstum für 2007 von ebenfalls 10% gerechnet.[02] Jedoch sind die Zahlen, die vom chinesischem Amt für Statistik publiziert werden, zu hinterfragen, denn je nach Staatsbelieben werden Daten und Statistiken von einen auf den anderen Tag revidiert und verändert.[03]

Trotzdem kann man mit Gewissheit sagen, das Chinas Wirtschaft seit 25 Jahren mit rund 8% pro Jahr wächst.[04]

Diesen wirtschaftlichen Aufschwung verdankt China vor allem den Regionen an der Ost- und Südostküste mit ihren 14 Hafenstädten. Dies führt dazu das China einem starken Migranten Strom unterzogen ist. Binnenmigration im eigenen Land, von West nach Ost bzw. Südost, aber auch Ausländer aus der ganzen Welt kommen in diese Wirtschaftsregionen, auf der Suche nach Arbeit und lukrativen Geschäften.

Die Metropolen wachsen und wachsen, dabei verändern sich die Städte in ihrem Aussehen und ihrem Stil. In Shanghai beispielsweise bedeutet Modernisierung gleich Hochhausbau, dabei mussten unzählige zwei- bis dreistöckige Häuser weichen. Das Bild der Städte und damit Chinas wandelt sich.

China blickt auf eine Jahrtausend alte Geschichte zurück, die gepflastert ist von vielen Kriegen und Hungersnöten, trotzdem schafften die es die Chinesen, eine einzigartige Küche zu entwickeln, die noch heute in der ganzen Welt bekannt ist.[05]

---

[02] - http://www.stats.gov.cn/english/newsandcomingevents/t20070301_402388091.htm

[03] - http://www.zeit.de/2004/01/China_Aufmacher?page=all

[04] - http://www.klett.ch/klett/export/download/Geobuch_Chinesen_Bewegung.pdf, Seite 39

[05] - O. Weggel, 1994, S.156 ff

## 3.    Auswertung der Recherchen und gewonnene Erkenntnisse


### 3.1.    Wie das Kochen zur Kunst wurde


China blickt auf eine über Viertausend Jahre alte Geschichte zurück. Seit der Chou-
Dynastie (ca.1025 -256 v. Chr.) gibt es sicherere Aufzeichnungen und Überlieferungen,
die selbst noch weiter zurückreichende Mythen dokumentieren.[06]
Schon um das Jahr 2800 v. Chr. soll ein Mann namens Shen Nong (Shen Nung) gelebt
haben. Er brachte die Jäger zur Ruhe, indem er aus einem einfachen Holzstecken, den
ersten Pflug formte. Das primitive Werkzeug erlaubte es nun ein Wasserbüffel oder ein
Rind für ihn arbeiten zulassen.[07]
Des Weiteren soll er die Heilkräuter entdeckt haben. ( Hahn, 1982, S.10)


Seit den frühesten Zeiten der chinesischen Geschichte haben sich Philosophen und
Kaiser mit der Ernährung, mit den Speisen und Getränken beschäftigt.
Mehrere tausend Jahre hindurch dachten chinesische Gelehrte immer wieder über
Essen und Trinken nach, sprachen darüber und schrieben ihre gewonnenen
Erkenntnisse auf. Speise und Trank gehören in China zu den traditionellen Themen der
Literatur und die größten und angesehendsten Gelehrten haben stets Rezepte,
Abhandlungen über Ernährung geschrieben und Enzyklopädien über die kulinarischen
Künste zusammengetragen.[08]
Gleichwertig mit der Philosophie, Theaterkunst, Tischmalerei, Gartenarchitektur, Musik
und Politik gehört die Kochkunst zur chinesischen Kultur.[09]
Man kann seit der Chou Dynastie im klassischen Zeitalter Chinas vom kochen als einer
Kunst sprechen. „Zu dieser Zeit wurde hauptsächlich Hirse, Weizen und Gerste
angebaut". (L. Zihua und U. Franz, 1992, S. 27)
Zwischen dieser Ära und dem großen Zeitalter der griechischen Philosophie in der
Antike besteht eine kennzeichnende Ähnlichkeit, denn beide Epochen sind
charakterisiert durch soziale Unruhen und geistige Gärung.
In Folge dieser blühenden Philosophie wurden zwei vorherrschende Denksysteme
geprägt, zum einen die Lehre des Konfuzius (551 - 479 v. Chr.) und zum anderen die
Lehre des Laotse (ca.6 Jh. v. Chr.).[10]


---

[06] - Prof. Dr. P. J. Opitz, 1981, S.40.

[07] - L. Zihua und U. Franz, 1992, S.26 ff

[08] - M. Hahn, 1982, S.7 ff

[09] - L. Zihua und U. Franz, 1992, S.12

[10] - M. Hahn, 1982, S.8.

Sowohl die Lehre des Konfuzius, als auch die Lehre des Laotse hatten großen Einfluss auf die chinesische Geschichte und damit auch auf die Kunst des Kochens. Im Hinblick auf die Ernährungskultur muss man sagen, dass Laotses Lehre, der Taoismus, die Schule war, die die gesunde Ernährung propagierte und die Ernährungswissenschaft Chinas entwickelte. Er lehrte die Menschen sich der Dinge des einfachen Lebens zu erfreuen. Seiner Meinung nach gehörte dazu die Schönheit der Natur, die Freundschaft, die Kunst, das Essen und Trinken und das Familienleben. Kurz gesagt alles was zum Frieden und zur Harmonie innerhalb der Gesellschaft beiträgt. Er glaubte, dass das Geheimnis der Langlebigkeit hauptsächlich in pflanzlichen Nahrungsmitteln läge. Das sollte allerdings nicht bedeuten, dass man sich rein vegetativ ernähren sollte. Mit unendlicher Geduld durchforsteten die Taoisten die Wälder und Wiesen um nach Kräutern, Blumen, Früchten und Wurzeln zu suchen. Sie erforschten das Meer und die Flüsse, Pilze und Samen um die Lebensspendenden Elemente zu finden. Man bedenke, dass sie alles ohne Forschungslabore, nur durch die beiden Variablen Wägen und Irren testeten und ihre Ergebnisse niederschrieben. Dabei entwickelten sie eine so ausgewogene, was den Wert der Nährstoffe angeht und reichhaltige Ernährung, dass viele zeitgenössische Ernährungswissenschaftler sie als die Kost der Zukunft sahen. Die Taoisten erkannten, dass falsches Kochen die Lebensspendenden Stoffe der Gemüse vernichtet. Daraus resultieren die Ansichten, dass es besser sei Gemüse roh oder nur teilweise zu kochen.
Der Konfuzianismus hingegen beschäftigte sich vornehmlich mit der Kunst des Kochens. Als Lehrer der Tugenden legte Konfuzius einen besonders großen Wert auf das gesellschaftliche Ritual. Er schuf die kulinarischen Wertmaßstäbe und legte die Regeln für Tischsitten und Essgebräuche fest.
Der Reis sollte weiß poliert in seiner Schale liegen, das Fleisch musste nicht nur fein säuberlich geschnitten, richtig mariniert sein und mit der passenden Soße serviert werden. Selbst ein unsachgemäß gedeckter Tisch oder ein Gericht das seiner Meinung nach nicht korrekt serviert wurde, brachte Konsequenzen mit sich. So strafte er den Gastgeber beispielsweise dadurch, dass er das Essen ignorierte.[11]
Im wahren Leben haben sich jedoch die Lehren der beiden Religionsstifter so miteinander verbunden, dass viele Wissenschaftler heute keinen Trennstrich mehr ziehen und deshalb lieber vom „Chinesischem Universismus" sprechen, als vom Konfuzianismus und Taoismus.[12]

---

[11] - M. Hahn, 1982, S.7 ff

[12] - T. Fiedler und P. Sandmeyer, 2005, S.155 ff

## 3.2. Die vier kulinarischen Perioden die China durchlebte

### 3.2.1. Die Erste Periode - „Revolution in der Küche"

Eine Revolution in der Küche folgte, als das Pflanzenöl den tierischen Schmalz und das Bratenfett ablöste. Aber nicht nur die Erfindung der Ölpresse auch die drei wichtigsten Garmethoden Braten (Jian), Garen in zischenden Öl (Zha) und eintauchen in siedendes Öl (Zhao) gaben dem Kochen eine neue Richtung. Im Laufe der folgenden Jahrhunderte entwickelten sich dabei ca. fünfzig fein abgestufte Garnuancen.

Immer mehr exotische Früchte und Gemüse, wie zum Beispiel Bohnen, Zwiebeln, Möhren, Knoblauch, Gurken, Weintrauben und Wallnüsse fanden in der Chinesischen Küche ein zu Hause. All diese Köstlichkeiten haben ihren Weg auf den Kamelhöckern über die Seidenstraße nach China gefunden.[13] Seidenstraßen waren Handelswege, die aufgrund ihres Verlaufs genutzt wurden und in dem Falle von China, nach Indien oder auch bis nach Europa zu gelangen.[14]

Um das Jahr 85 v. Chr. gewann die Sojabohne und der Reis immer mehr an Bedeutung und bereitete somit den unaufhaltsamen Einzug in Chinesische Küchen vor.[15]

### 3.2.2. Die Zweite Periode - „Die Kochkunst verfeinert sich"

Da diese Zeit geprägt war durch viele Kriege, Zwei- und Dreiteilung des Landes und immer wieder kürzere Wiedervereinigungen, konnten keine neuen Errungenschaften anderer Kulturen gewonnen werden.[16]

Zum Glück verfügte die Kunst des Kochens in China nun schon über einen soliden Rahmen und so wurden mit den vorhandenen Mitteln gearbeitet und neue Rezepte geschaffen. Meistens indem alte Rezepte und Vorlagen einfach verfeinert und Geschmacklich besser aufeinander abgestimmt wurden. Die Kochkunst verformte sich zu einem verzahnten ganzen.

Die zweite Periode Chinas sollte bis zur Sui - Dynastie (581 - 618 n. Chr.) andauern.[17]

---

[13] - L. Zihua und U. Franz, 1992, S.26 ff

[14] - Prof. Dr. P. J. Opitz, 1981, S.23.

[15] - L. Zihua und U. Franz, 1992, S.27

[16] - Prof. Dr. P. J. Opitz, 1981, S.50

[17] - L. Zihua und U. Franz, 1992, S.27

### 3.2.3. Die Dritte Periode - „Zeit der Schlemmer"

Erst mit Beginn der Sui - Dynastie und die erneute Wiedervereinigung Chinas, wurde
die dritte Periode eingeleitet. Sie sollte sich später als die Blütezeit der chinesischen
Kochkultur entpuppen. Dafür gab es eine Menge verschiedenster Gründe. Dazu
zählten hochseetüchtige Dschunken, Feuerwaffen, Kompass, Buchdruck sowie eine
ausgeklügelte Reiskultur, um hier nur einige der wichtigsten zu nennen.[18]
In der Tang - Dynastie (618 - 906 n. Chr.) wird die Expansion nach „Inner - Asien"
gefördert, dass führte dazu das sich die sozialen Spannungen im Inneren des Landes
wesentlich verbesserten. Des Weiteren wurde ein dichtes Netz von Verkehrswegen
(Straßen, Kanäle, Poststationen, ...)geknüpft[19]
Dies waren Faktoren, die sich gemeinsam mit den Errungenschaften der Sui -
Dynastie, auch auf die Esskultur auswirkten.
Es begann nun die Zeit der Schlemmer und Genießer. Nach Herzenslust wurde den
Chinesischen Köstlichkeiten gefrönt. Es kamen Bankette in geschmückten
Restaurants, auf illuminierten Booten und auf blumenverzierten Pagoden in Mode.
Die Krönung war ein kaiserliches Bankett das mit achtundfünfzig Gängen serviert
wurde.


„Die chinesische Küche glich einer sprudelnden Fontäne, als sie ihren höchsten Stand
hatte, zerbrach sie."
Aus ihr entstanden die 4 Regional Küchen.[20]
Im Norden die Küche von Peking. Hierher kamen über Jahrhunderte die
geschicktesten und kenntnissreichsten Kochkünstler. Sie errichteten Restaurants und
spezialisierten sich meistens auf die Speisen ihrer Provinz aus der sie stammen. Der
Geschmack ist vorwiegend salzig.
Im Osten die Küche von Jiangsu und Shanghai, hier mag man heute vor allem Fisch
und Seafood, meist gesüßt. (U.Reisach, T. Tauber, X. Yuan, 2003, S.414)
Im Westen die Küche von Sichuan, hier gibt es eine besonders große Zahl an scharfer
Paprika-, Chilligerichte und Speisen mit grünen Pfeffer.
Im Süden die Küche von Kanton. Die Einwohner der Provinz Tailliang, die die Stadt
Kanton in sich beheimatet, sind selbst heute noch berühmt für ihre Gabe neue
Delikatessen zu erfinden.[21] „In Kanton und Hong Kong wandert alles in einen Topf, was
sich nicht schnell genug davon machen kann." (U.Reisach, T. Tauber, X. Yuan, 2003,
S.414)

---

[18] - L. Zihua und U. Franz, 1992, S.28 ff

[19] - M. Hahn, 1982, S.19 ff

[20] - L. Zihua und U. Franz, 1992, S.29 ff

[21] - M. Hahn, 1982, S.19 ff

Mit dem Aufkommen dieser vier großen Regionalen Küchen entstanden in den reichen Handelsstädten am „Kaiserkanal" eine unüberschaubare Anzahl an Gaststätten, Restaurants, Imbisse, Teestuben und Schnapsbuden.

Zusätzlich dazu entstand in der Zeit zwischen 800 - 1100 durch die entwickelte Reiskultur ein soziales Gefälle zwischen dem südlichen Reis - China und dem nördlichen Weizen - China.[22]


### 3.2.4. Die Vierte Periode - „Epoche der tausend Rezepte"

Die vierte kulinarische Periode reicht von der Ming - Dynastie im Jahre 1368 bis zum Ende der Qing - Dynastie im Jahre 1911.

Anhand einer Notiz von Song Li, hatte der damalige Ming- Kaiser Hongzhi rund eintausend verschiedene Rohmaterialen die er in die verschiedenste Gerichte einfließen ließ. Laut der „Vollständigen Enzyklopädie über die Landwirtschaft" von Nong Zheng Quan Shu kannten die damaligen Köche der Ming Zeit weit mehr als einhundert verschiedene Sorten von Gemüse. Erst Anfang des 16. Jh. machten die portugiesischen und spanischen Händler die Chinesen mit Chili, Süßkartoffeln, Kartoffeln und Mais bekannt. Der Horizont Chinas erweiterte sich so immer weiter.

Durch die erneute Teilung Chinas, teilte sich auch die Kochkunst in verschieden Stilrichtungen, die kaiserliche Hofküche, Mandarinen- Küche, Gutbürgerliche- Küche und Kloster- Küche.

Diese Epoche erwies sich auch die Landwirtschaft als die Höchstentwickelte und am besten Organisierte in der Geschichte Chinas.

In Folge neuzeitlicher Urbanisierung breiteten sich diese vier regionalen Küchen überregional aus. So entdeckt man heute die abwechslungsreichen Köstlichkeiten in unzähligen Großstädten Chinas wieder. Leider jedoch findet man sie oftmals nur in Form von veränderten Gerichten wieder.

Doch die jüngsten Tendenzen geben Grund zur Hoffnung, denn gerade junge Köche und auch ein beachtlicher Teil der alten Gourmets, gelangen zu einer Rückbesinnung auf die echte Chinesische Küche.[23]

---

[22] - L. Zihua und U. Franz, 1992, S.27 ff

[23] - L. Zihua und U. Franz, 1992, S.28 ff

## 3.3.    Begrüßungstraditionen

In China ist die Kultur mit dem Essen und Trinken seit jeher fest miteinander
verbunden. Es war und ist essentieller Bestandteil des Lebens und beschäftigte
Philosophen und Gelehrte schon in frühester Zeit.[24]
Aber nicht nur in Form von Lyrik, Prosa und Kunst ist die Bedeutung des Essens
wiederzufinden.[25] Auch im ganz alltäglichen Leben tritt es immer wieder in
Erscheinung, so auch bei der Begrüßung. Während es in vielen Teilen der Welt üblich
ist mit „Guten Tag, Wie geht es ihnen?" begrüßt zu werden, ist in China der Satz:
„Haben sie schon gegessen?" immer noch eine Gängige Begrüßungsformel.[26]
Bei genauerer Betrachtung lässt sich feststellen, dass die beiden Begrüßungen etwas
verbindet, denn beide zielen auf die Antwort nach dem Wohlbefinden ab.[27]
Die Begrüßung in China „Haben sie schon gegessen?" rührt nicht nur daher, dass die
Bevölkerung Chinas in ihrer Vergangenheit mehrere Hungerskatastrophen
durchstehen musste, sondern hängt auch damit zusammen, dass das Wissen um den
Wert der Nahrung auch im Volk noch tief verwurzelt ist.[28]
In der ganzen Welt soll es nur noch zwei weiter Kulturen geben, die Nepalesen und die
Koreaner, die sich ebenfalls „essensmäßige" Begrüßen.


Aber die Europäer und Chinesen unterscheiden sich nicht nur in der Begrüßung selbst,
auch die Erste Konversation zweier sich fremder Menschen verläuft anders.
Mit großer Zielstrebigkeit führt die Unterhaltung eines Chinesen zu der Frage: „Haben
sie eine Familie?" Mit freudigen Blicken wird dies, wenn vorhanden, mit einem „ Ja"
beantwortet. Eine Familie zu haben ist für den Chinesen Glück in Vollendung. Schnell
wird die Frage folgen: „Haben sie Kinder" und nun kommt der Unterschied zwischen
den Kulturen. Während ein Europäer, sofern vorhanden, mit einem „Ja, ich habe eine
dreiköpfige Familie" antwortet, wird der Chinese mit dem Satz antworten „Ich habe eine
Drei-Münder-Familie". Denn in seiner Sprache ist die Maßangabe für Personen
„Mund".[14] Auch hier spürt man wieder deutlich die Verknüpfung der Sprache mit dem
Essen. In diesem falle mit dem Problem Chinas, weit mehr als 1,314 Milliarden
Menschen zu beheimaten, aber einen unter einem ständigen Nahrungsmangel zu
leiden.[29]

---


[24] - Vgl. M. Hahn, 1982, S.7.

[25] - L. Zihua und U. Franz, 1992, S.13.

[26] - K.- H. Fietzek, 2004, S.19.

[27] - L. Zihua und U. Franz, 1992, S.13

[28] - K.- H. Fietzek, 2004, S.19

[29] - http://www.stats.gov.cn/english/newsandcomingevents/t20070301_402388091.htm

Dieser Nahrungsmangel kommt zustande, weil China 22% der
Weltbevölkerung ausmacht, aber nur 7% der Anbaufläche der Welt zur Verfügung hat.
Dies ist unter anderem auf die Geographische Lage Chinas zurückzuführen, denn der
Nordwesten des Landes liegt beispielsweise im Bereich des großen Trockengürtels
Eurasiens. Das Tarim- und Qaidambecken am Nordostrand des Qinghai- Tibet-
Plateaus werden von hohen Randgebirgen abgeschirmt, hier fällt im Jahr weniger als
50mm Niederschlag. Was dazu führt das in dieser Region Wüstenklima herrscht.[30]
Selbst in heutiger Zeit leiden die Menschen noch unter diesen Bedingungen.
Zwischen dem Herbst 1959 und Winter 1962 sollen 19 Millionen Menschen an
Überanstrengung und Unterernährung gestorben sein.
Das Ernährungsproblem wird auch als „Chi- Fan- Problem" bezeichnet. Übersetzt
bedeutet dies soviel wie „Das Problem Mahlzeit zu sich nehmen".[31]


Aber es gibt noch weitere Unterscheidungsmerkmale hinsichtlich des Verhaltens
zwischen Chinesen und Europäern, so beispielsweise auch beim Zeitverständnis.
Während der Nordeuropäer, um den Ausdruck von Eduard T. Hall zu verwenden, zum
„Zeiteinteiler" wird, wird den Chinesen dagegen eher das Wort „Zeitzerteiler"
nachgesagt. Der Nordeuropäer teilt seine Arbeit in sukzessive Bereiche, geht darin auf
und reagiert in der Regel äußerst empfindlich auf unangemeldete Besuche. Sie werden
als eine Störung empfunden.
Die Chinesen hingegen haben nur in seltensten Fällen etwas gegen die Unterbrechung
ihrer Arbeiten. Das Zwischenmenschliche hat in China auch in moderner Zeit immer
noch „Vorfahrt".
Deshalb ist es bei stundenlangen Geschäftsessen mit Chinesen wichtig darauf zu
achten, nicht übers Geschäft, sondern über die menschlichen Aspekte zu sprechen.
Laut Konfuzius ist das, das Salz in der Suppe.[32]

---


[30] - G. Nohn, 2001, S.77 ff

[31] - L. Zihua und U. Franz, 1992, S.12.

[32] - O. Weggel, 1994, S.48 ff

## 3.4.  Tischsitten

Schon seit Mitte des 6. Jahrhunderts sollen die Chinesen, im Gegensatz zu anderen
orientalischen und ostasiatischen Völkern, schon erste Sitzgelegenheiten genutzt
haben, um das Essen aufzunehmen. Zumindest widerlegt das eine alte Stele, auf der
die Älteste einer solchen Abbildung zu finden ist. Allerdings gab es selbst in den
vornehmsten Chinesischen Häusern bis ins erste Jahrtausend noch kein „echtes"
Mobiliar, so wie wir es heute kennen, mit Stühlen, festen Tischen und Schränken. Aber
man versuchte sich anderweitig zu helfen und im Laufe der Zeit verbesserten sich die
Hilfseinrichtungen.

Mit dem Einzug des „Mobiliars" entwickelte sich bei Hofe und in vornehmen Familien
eine streng kontrollierte Sitzordnung. Die Ranghöchsten saßen auf einer breiten, einer
Sofa ähnlichen, Bank. Während die weniger Vornehmen zwar noch im selben Raum,
dafür aber auf Stühlen mit Rücken- und Armlehnen Platz nahmen. Die Angehörigen
der unteren Rangklassen ließen sich auf gepolsterten niedrigen Bänken nieder, diese
glichen Schuhbänken. Den Chinesischen Damen wurde das Privileg eines schönen
Stuhles oder einer gepolsterten Möbelstückes nicht zuteil, sie haben bei den Chinesen
eine untergeordnete Bedeutung und nehmen auf Hockern in Form eines Fasses aus
Holz, aus Keramik oder Porzellan platz.[33]

Im Laufe der Zeit wandelte sich diese Sitzordnung und das Möbelstück an sich, als
Zeichen von Überlegenheit, verlor seine Stellung, dafür kamen andere Tischsitten auf.
Die alte Kriegslist „Abwarten, ausweichen, angreifen" ist seit jeher essentieller
Bestandteil Altchinesischer Kultur. Das kann sich auch z.B. bei einem Bankett wieder
spiegeln, denn es gleicht einem Schlachtfeld. Schon am Eingang beginnt ein Feilschen
um die besten Plätze, jedoch nie böswillig oder rüde. Zur Tradition gehört es an der
Eingangspforte zum Bankkettraum, gemäß dem Chinesischen Strategem 36, einen
Ziegelstein einzuwerfen um dafür einen Jadestein zu erhalten. Ziel ist es als Letzter,
als der Geringste, in den Raum einzutreten um später dann bei der „wirklichen
Schlacht", der Essensschlacht, aus der Reserve angreifen zu können. Frauen spielen
dabei keine Rolle, sie lassen den Männern den Vortritt. Nach einigen Minuten des
wogenden Spiels bittet der Gastgeber, die Gesellschaft, nach drinnen und das
Gerangel um die Sitzordnung beginnt erneut. Gegenüber vom Eingang ist für den
Ehrengast, ein Thron ähnlicher Stuhl aufgebaut.[34]

---

[33] - Prof. Dr. P. J. Opitz, 1981, S. 191 ff
[34] - L. Zihua und U. Franz, 1992, S.14.

Zur besseren Konversation sitzt der Gastgeber heute nicht mehr am anderen Ende des Banketts, also am Eingang, sondern nimmt links neben dem Ehrengast platzt. Alle anderen Gäste nehmen nun gemäß ihrer Rangordnung mal links und mal rechts vom Bankett platz. [35]

Historische Aufnahme (Zihua & Franz, 1992)

Bei Geschäftsessen mit Ausländischen Leuten verlieren diese Spielchen jedoch an Bedeutung, da Strategem 36 ein einheimisches Spiel ist. Es wurde seit langen gehütet und erst jüngst im Westen veröffentlicht. Es handelt sich hierbei um einen Katalog von Überlistungstechniken, die das Handeln und Denken in China im politischen, gesellschaftlichen und im privaten Leben beeinflussen.[36]

Aber auch Ausländische Geschäftsleute spüren heutzutage noch die Rang- und Sitzordnungen der Chinesen. So ist es immer noch üblich, dass der Ranghöchste eine gesonderte Stellung einnimmt, meist ist er auch der Bankettspender. Sein Platz ist z.B. anders farbig unterlegt. Er besitzt einen „goldenen Stuhl oder aber eine besonders große Serviette. Bei einem Geschäftsessen mehrere z.B. Deutscher und Chinesen wurde die Sitzordnung folgendermaßen aussehen. Der wichtigste deutsche Gast sitzt rechts neben dem Ranghöchsten Chinesen, danach folgt eine Staffelung Chinese, Deutscher, Chinese, Deutscher, Chinese, .... Die Ranghöheren sitzen meist in Fenster nähe, die Rangniederen nehmen am Ausgang platz.[37]

Aber eins ist bei den Geschäftsessen zwischen Ausländischen und Chinesen und nur Chinesen gleich, der runde Tisch, um den sich alle nieder lassen.

Da Platten und Teller nicht über Tische gereicht werden, erfanden die Chinesen ein Karussell, auf dem alle Speisen niedergelegt werden. So wird garantiert das Jeder, durch drehen, an alle Speisen gelangen kann.[38]

---


[35] - L. Zihua und U. Franz, 1992, S.14.

[36] - S. Heilmann, 2000, S.39 ff

[37] - O. Weggel, 1994, S.254

[38] - L. Zihua und U. Franz, 1992, S.15.

Nach dem Toast, der niemals mit Tee ausgesprochen werden darf, werden nun Schlag auf Schlag, die Köstlichkeiten aufgetragen. Je nach dem wie viele Gäste an dem Bankett teilnehmen variiert die Anzahl der Vorspeisen, Hauptgerichte und Desserts. So werden bei einem Bankett von 12 Personen zu den 6 Vorspeisen, auch 6 Hauptgerichte, 2 Suppen und 2 Desserts aufgetragen.

Ein weiteres Ritual bei Tisch ist die Trinkzeremonie. So bedankt man sich nach dem Einschänken mit einem Klopfen auf den Tisch. Dabei bedeutet das Klopfen mit einem Finger, dass man sich für die eigene Person bedankt. Beim Klopfen mit 2 Fingern bedankt man sich für seinen Partner gleich mit und beim Klopfen mit fünf Fingern bedankt man sich für seine ganze Familie.

Manchmal kommt es vor, dass in Schalen Vorlegestäbchen liegen, dann sollte man sich hier nur bedingt bedienen. Es ist dann das Privileg des Gastgebers diese Köstlichkeiten zu verteilen. Dabei entscheidet er welcher Gast die besten Stücke erhält.

Ungenießbare Reste, wie Fischgräten, Shrimps- Panzer oder auch Knöchelchen, dürfen anstandslos am Rande und damit auf der Tischdecke abgelegt werden.

Ein Kenner führt die Resischale zum Mund, nicht etwa umgekehrt.

Ein weiterer Unterscheidungsgrund zwischen Chinesen und z.B. Deutschen liegt in den Anstandsregeln bei Tisch.[39] Während man sich in Deutschland nach dem „Knigge" richtet und Verhaltensetiketten einhält, fühlt sich der Chinesen erst dann richtig wohl, wenn man um ihn herum hemmungslos schmatzt und schlürft.

Nach Abschluss des Mahls gleicht der Tisch einem Schlachtfeld und die „Schlemmer" verlassen rasch den Ort des Geschehens.[40]

„Typisch Chinesischer Esstisch" nach Beendigung eines Mahls [41]


[39] - L. Zihua und U. Franz, 1992, S.15.

[40] - O. Weggel, 1994, S.254.

[41] - www.typemagazine.org/images/235.jpg

## 3.5.    Die Sinne

Ein kultivierter Mensch muss nicht nur seine geistigen Fähigkeiten, sondern auch seine
Sinne entwickelt haben. Denn wie kann man sich sonst für Kunstgemälde begeistern,
ohne die Farben und die Strukturen zu genießen. Genauso sinnlos wäre es über ein
musikalisches Meisterwerk zu schreiben, wenn einen die Töne, der Rhythmus und
somit die gesamte Schönheit eines Liedes nicht bewegen würde. Jede Form von Kunst
wendet sich auf unsere Sinne, auf welche genau das ist immer vom jeweiligen Reiz
abhängig.

Die Kochkunst der Chinesen liegt nicht nur in den Schnitttechniken, der Optik der
einzelnen Gerichte oder in den Zutaten, es sind die vielen Elemente die es zu einem
Gesamtkunstwerk werden lassen, dazu gehören Geschmack, Aroma, Beschaffenheit
und Aussehen.[42]

Schon in der Shang- Zeit, die von 1500- 1050 v. Chr. dauerte, soll ein gewisser Yin Yi
die feinste Zunge im Land gehabt haben. Er machte als erster die 5 Geschmäcker
bitter, salzig, scharf, sauer und süß populär. Man kann aber davon ausgehen, dass
sich die Chinesen auch schon vor seinen Lebzeiten von ihrem Geschmack haben
leiten lassen und die Kenntnisse über die verschiedenen Geschmäcker kannten.

Yin Yi war jedoch auch ein Vorreiter seiner Klasse, des Weiteren war er der erste der
mit großer Hitze braten konnte. Als Kind der „Bronzezeit" musste er nicht mehr mit
Tontöpfen, sondern konnte mit unzerbrechlichen Kochtöpfen arbeiten.[43]

Über viele tausend Jahre lernten die Chinesen, wie sich die einzelnen
Geschmackselemente zu einander verhalten. So stellten sie z.B. fest, dass süß und
sauer eine sich ergänzende Paarung ist, während dessen sauer und salzig sich
gegeneinander aufhebt. Sie erkannten, dass sich einzelne Geschmackselemente auf
den Organismus auswirken.[44] So kann die Geschmacksrichtung sauer Einfluss auf die
Dehnfähigkeit der Sehnen nehmen, jedoch zu viel saures zu Steifheit und Krämpfen.
Die Geschmacksrichtung bitter spricht Herz und Dünndarm an, zu viel Bitteres, z.B.
durch übermäßig viel Kaffee, kann zu trockener Haut, Erbrechen und Durchfall führen.
Die Geschmacksrichtung süß regt vor allem die Milz und den Magen an, es wirkt
harmonisierend, jedoch können zu viele süße Sachen Schmerzen in Knochen und
Gelenken hervorrufen. Scharf hingegen spricht die Lunge und den Dickdarm an. Zuviel
scharfes jedoch, kann zu Konzentrationsschwierigkeiten führen.[45]

---


[42] - M. Hahn, 1982, S.13.

[43] - L. Zihua und U. Franz, 1992, S.26.

[44] - M. Hahn, 1982, S.13.

[45] - K.- H. Fietzek, 2004, S.18.

Das Salz ist für viele wichtige Funktionen im Körper zuständig, es regelt unter anderem den Wasserhaushalt und sichert die Erregbarkeit von Muskeln und Nerven.[46]
Zuviel Salz kann zu einem Durstgefühl und damit einem Wassermangel führen.[47]

Das zweite Charakteristikum für den Wohlgeschmack ist das Aroma. Es ist ein ebenso unerlässliches wie der Geschmack selbst, denn viele der Geschmackswahrnehmungen sind nur auf den Duft der Speisen zurückzuführen.
Jeder hat dies auch schon einmal erlebt, denn auch bei einem Schnupfen sind die Geruchssinne getrübt und infolge dessen schmeckt ein Gericht fade.

Beinahe unübertroffen ist die Fähigkeit chinesischer Köche mit dem dritten Element, der Struktur, zu arbeiten. Es gibt Gerichte die weder wegen ihres guten Geschmackes noch wegen ihres herausragenden Aromas zu sich genommen werden. Sie überzeugen durch einen der nachstehenden aufgezählten strukturellen Qualitäten: „es muss weich, von feiner Beschaffenheit, geschmeidig und zart oder frisch und kross sein". So besitzen beispielsweise chinesische Köstlichkeiten wie Haifischflossen, Vogelnester oder Silberschwämme keinen Eigengeschmack und sind farb- und aromalos.
Der Chinese stellt auf dem Tisch ein Gericht immer so dar, als male er ein Bild. Für ihn hat ein Gericht nicht nur einen physiologischen Wert, sondern auch einen psychologischen. Inn Deutschland kennen wir den Volksspruch: „Das Auge isst mit", genauso ist es in China auch. Aber nicht nur die Anrichtung, die Farbe und Qualität der Speisen, auch die Atmosphäre im Raum selbst und die Art und Weise wie der Tisch gedeckt ist, tragen zum Gesamtbild der Speisen bei.[48]
All diese Elemente, wie Geschmack, Aroma, Beschaffenheit und Aussehen, beeinflussen ein typisch Chinesisches Gericht und können sich sowohl Wert steigernd als auch Wert mindernd auswirken.[49]

---

[46] - http://www.planet-wissen.de/pw/Artikel,,,,,,,AE9E10241D40615FE034080009B14B8F,,,,,,,,,,,,,,.html
[47] - K.- H. Fietzek, 2004, S.18.
[48] - M. Hahn, 1982, S.14
[49] - Vgl. M. Hahn, 1982, S.13

## 3.6.    Grundprinzipien Chinesischer Küche

Für die Chinesen ist es eine kulinarische Sünde, wenn einfältig gekocht wird. Sie besitzen eine so große Auswahl an Zutaten, dass es für sie unvorstellbar wäre diese Auswahl nicht auszuschöpfen. Auf Europäer wirkt dies zuweilen sehr unübersichtlich, aber man kann die Chinesische Küche in 3 Hauptgruppen einteilen.

Zur Ersten Gruppe gehören die Speisen, die in ihrem ursprünglichen Zustand auf den Tisch gebracht werden. Diese Speisen werden nur mit geringstem Aufwand durch z.B. Knoblauch oder Sojasauce abgeschmeckt, damit sie ihren natürlichen Geschmack nicht verlieren.

Zur Zweiten Gruppe gehören Speisen, die zum größten Teil immer noch natürlich gehalten werden. Zu ihnen gesellt sich jedoch eine Vielzahl an Gewürzen, Saucen und verschiedenen Kochprozessen. In diese Sparte zählen z.B. süß- saurer Fisch oder auch die weltbekannte „Peking Ente"

Die Dritte Gruppe Chinesischer Gerichte umfasst Speisen, die sich aus zwei oder mehreren Hauptbestandteilen und mehreren Zutaten zusammensetzen. Diese Gerichte wurden beim Kochprozess völlig umgeformt, sodass hier keine Abwandlung eines schon vorhandenen Gerichtes, sondern eine neue Kreation entstanden ist.

„Harmonie, Kontrast und Akzent sind die drei Prinzipien der kulinarischen Künste"[50]

---

[50] - M. Hahn, 1982, S.14 ff

## 3.7. Gesunde Ernährung - Yin und Yang

In der ursprünglichen Übersetzung bedeutet das chinesische Schriftzeichen Yang:
„der von der Sonne beschienene Abhang eines Hügels", das chinesische
Schriftzeichen Yin, bedeutet ursprünglich soviel wie: „der von der Sonne abgewandte
Abhang eines Hügels"[51]

Die alte Heil- und Kochkunst der Chinesen baut auf dem Gesetz dieser Gegensätze
Yin und Yang auf. Ziel ist es beide in ein Gleichgewicht zu bringen. Besitzt ein Mensch
dieses Gleichgewicht, dann ist er heiter und froh, kurz um glücklich. Besitzt er dieses
Gleichgewicht nicht ist dies gleichbedeutend mit Krankheit.[52]

Alles in der Welt besteht aus Yin und Yang und aus konstanten Wechselbeziehungen
zwischen diesen beiden Gesetzmäßigkeiten.[53]

Yin und Yang haben ihren Ursprung im Ganzen, im Untrennbaren.

Symbolisiert wird es durch einen Kreis, durch den im Inneren eine geschwungene Linie
verläuft, es signalisiert den andauernden Ablauf von Veränderungen, dabei steht der
weiße Teil für das Yang und der schwarze für das Yin. [54]

Aber da laut Chinesischer Weisheiten nichts in der Welt nur Yin oder nur Yang sein
kann, befindet sich im Yang auch immer ein Teil Yin und im Yin ein gewisser Teil Yang.

Yin-Yang structures of the human body[55]

Yin steht für „das weibliche Prinzip, das Passive, das Helle, Kalte, Leichte, Winter,
Wasser, Materie, Nacht Zentrifugale, Strahlige, Ruhige".

Yang steht für „das männliche Prinzip, das Aktive, das Dunkle, Warme, Schwere,
Sommer, Feuer, Energie, Nacht Zentripetale, Runde, in Bewegung".[56]

---

[51] - K.- H. Fietzek, 2004, S.3 ff

[52] - J. Nakamura und M. Arnoldi, 1971, S.7.

[53] - E. Farmilant, 1972, S.22.

[54] - K.- H. Fietzek, 2004, S.3 ff

[55] - http://www.tcmcentral.com30/01/2003 16:03:32

[56] - Jiro Nakamura und Marie Arnoldi, 1971, S.7. & U.Reisach, T. Tauber, X. Yuan, 2003, S.314.

Es gibt unter den Menschen Yin- und Yang- Typen, wobei die Nordländer dem Yin und die Südländer dem Yang zugeordnet werden. Sie benötigen daher jeweils ihre eigene Ernährung. Während man im nordischen Klima (Yin), den Ausgleich durch Yang Speisen benötigt, wählt man je weiter man nach Süden kommt (Yang), umso mehr Speisen, die dem Yin zugeordnet werden.[57]

Zu den „kühlenden" (Yin) Speisen werden z.B. Entenfleisch, Wassermelone, Kürbis, Gurke, Lotosamen, Früchtsäfte, etc. gezählt.

In der Traditionellen Chinesischen Medizin werden sie bei Fieber, Hautausschlag und Infektionen verwendet, da ihre kühlende Wirkung dem Körper Linderung verschafft.

Zu den „heißen" (Yang) Speisen werden z.B. Fleisch von Hähnchen, Hammel, Rind, Schwein, Erdnüsse, Ginseng, etc. gezählt.

In der Traditionellen Chinesischen Medizin werden „heiße" Speisen z.B. bei Erkältungen eingesetzt.

Die Chinesische Medizin ist in der Ernährung der Chinesen tief verwurzelt. [58]

---

[57] - J. Nakamura und M. Arnoldi, 1971, S.7 ff
[58] - L. Zihua und U. Franz, 1992, S.31 ff

## 3.8.    Wandel vom Agrarland zur Industrienation

Seit dem die Chinesen 2800 v. Chr. sesshaft geworden waren und durch Verstand
Ackerbau betrieben, entwickelten sie sich stetig weiter. Genauso wie die Kultur und die
Essgewohnheiten veränderten sich auch die Wirtschaft und die Wirtschaftsstruktur. Es
war seit jeher ein Kampf der Chinesen mit ihrer Umwelt, um Nahrung, Wohnung,
Kleidung und gegen Obrigkeiten, die versuchten alles zu regeln.[59]
Die Agrarwirtschaft basierte auf dem Anbau von Weizen und Hirse im Norden und Reis
im Süden. Dazu kamen zwischen dem 13. und 17. Jahrhundert verbesserte
Reissorten, Mais, Süß- Kartoffeln, Kartoffeln, ….
Investitionen z.B. Häuserbau oder der Ausbau von Kanalsystemen, sowie der
vermehrte Einsatz von tierischer Zugkraft und von Geräte aus Eisen, waren vor allem
auf die Unterstützung der jeweiligen Machtregime zurückzuführen, die natürlich immer
bestrebt waren, mehr aus den Bauern herauszuholen. Somit wurde die Entwicklung
des Ackerbaues zwar kontinuierlich, aber nur sehr langsam, fast unmerklich,
vorangetrieben.
Das traditionelle Handwerk gibt es in China ebenfalls schon sehr lange, ursprünglich
wurden Güter nur für den Hausgebrauch erzeugt. In den wachsenden Städten
hingegen entwickelte sich langsam aus einzelnen „Einzelhandwerksbetrieben" und
„Handwerksmanufakturen" Spezialisten die Luxusprodukte herstellten, wie Seidentuch,
Jade, Elfenbeinschnitzereien, Strickereien,….

Zwischen dem 16. und dem 18 Jahrhundert verdoppelt sich die Bevölkerung, jetzt erst
zeigte sich wie Unproduktiv die Landwirtschaft in China wirklich war.
Denn währenddessen die „Landedelleute" in Westlichen Ländern, ihre Gewinne mit
den Länderein in Industriewagnisse investierten und Gewinne erzielten, legten die
Grundbesitzer und Kaufleute in China ihren Profit in Land an. Doch Land ist bei weitem
nicht so prifitabel.

Erste Modernisierungsversuche unter ausländischem Einfluss gab es erst seit ungefähr
1840 n. Chr., trotzdem bot China auch noch bis weit ins 19. Jahrhundert das Bild einer
unterentwickelten Wirtschaft mit einem eingesprengten Modernen Sektor, der bis dahin
nie wirklich von der chinesischen Denkweise akzeptiert wurde.[61]

---


[59] - Prof. Dr. P. J. Opitz, 1981, S.116.
[60] - Prof. Dr. P. J. Opitz, 1981, S.120 ff
[61] - Prof. Dr. P. J. Opitz, 1981, S.126 ff

Seit 1949 kam es nun unter der kommunistischen Führung zu einem Aufschwung in der wirtschaftlichen Modernisierung Chinas. Unter der Führung von Mao- Tse- tung wurde ein fünf- Jahres Plan vorgelegt, der sich die Sowjetunion als Vorbild nahm. Die meisten der neuen Industriestandpunkte wurden an die Küste und an die schiffbaren Flüsse verlegt. Mit diesem Plan wurden zahlreiche Erfolge erzielt, allerdings wurde durch dieses Programm die Bevölkerung in der Landwirtschaft, die immerhin 75% ausmacht, vernachlässigt. In Folge dessen kam es immer wieder zu Unruhen.

Nach dem Abbruch mit der wirtschaftlichen Zusammenarbeit mit der Sowjetunion (1960) wurde ein neuer Weg eingeschlagen. Er sollte weg von der Schwerindustrie und hin zum „Aufbau der Industrie von unten". Spezialisiert auf die „fünf kleinen Industrien", dazu zählten Eisen und Stahlwerke, Kohlebergwerke, Maschinenbau, Chemie und Kunstdüngerfabriken und als 5ter Industriezweig die Wasserkraft. Diese sollten dezentralisiert über das ganze Land und möglichst in Rohstoff und Absatznähe verteilt werden. Ein ausgeklügeltes Lohnsystem sowie Krankenversicherung, Rentenversicherung und Preisstabilität unterstützten diese Projekte.

Nach dem Tode Mao- Tse- tungs (1976) begann unter dem Namen „die Vier Modernisierungen" (Landwirtschaft, Industrie, Landesverteidigung, Wissenschaft und Technik), das bisher erreichte weiter auszubauen.

Der Plan ging auf und die Leute kamen. Die Industrie begann zu wachsen und Seit Einführung stiegen die langfristigen Durchschnitte in der Landwirtschaft bei 2,1% und in der Industrie sogar bei 9,2%.


Trotz der guten Zahlen in der Wirtschaft ist und bleibt China ein „Bauernland", denn immer noch arbeiten 70% der Bevölkerung in der Landwirtschaft. Durch die jährlich enorm wachsende Bevölkerung in China, kann die Industrie nicht genügend Arbeitsplätze zur Verfügung stellen, daraus folgt das ein Großteil der Bevölkerung immer noch in der Landwirtschaft arbeiten muss.[62]

---

[62] - Prof. Dr. P. J. Opitz, 1981, S.129 ff

### 3.9.   „Wirtschaftsboom" und Migration in China

Lange Zeit galt die Lebensweise, der chinesischen Bevölkerung als ausgesprochen
stationär, von einigen Ausnahmen abgesehen. Seit 1870 kam es allerdings zu
mehreren großen Volksverschiebungen. So wanderten zwischen 1870 und 1940
16Millionen Chinesen von Südchina nach Südostasien. In den Jahren 1958 bis 1960
wanderten 20 Millionen Bauern in die Städte.[63]

Während der Kulturrevolution (1966- 1969) wurden 16Millionen Jugendliche aus den
ländlichen Gegenden durch Mao mobilisiert, um die Regierung, durch
Massenbewegungen, zu stürzen. Maos vorhaben scheiterte, da keine einheitlichen
Ziele unter den Jugendlichen herrschten und es endete schließlich 1969 in einem
Bürgerkrieg, „Jeder gegen Jeder", der China um Jahre zurück warf.[64]

Erst unter der Führung Deng Xiaopings wurden ab 1978 wieder wirtschaftliche
Reformen eingeleitet, diese führten dazu, dass sich China in den nachfolgenden
Jahren mit großen Schritten an die Weltspitze heranarbeitete. Hauptsächlich war und
ist dieser wirtschaftliche Aufschwung in den Küstenregionen im Süden und im
Südosten Chinas, von Kanton bis nach Shanghai, zu sehen.

Seit 1982 haben die Wanderungen in die Städte sprungartig zugenommen.

In China existiert ein „Drei- Welten- Dilemma". Es gibt Hochentwickelte Regionen, die
schon lange an das Niveau der „Ersten Welt" herangekommen sind, z.B. Shanghai,
Guangzhou, aber auch „Zweite Welt" und vor allem sehr viel „Dritte Welt". Die Folge ist
das Chinas Bevölkerung weiter von den ländlichen Gebieten in die Städte wandern
wird.[65]

Die Asienkrise (1997/ 1998) machte deutlich, dass China stark genug ist, auch
Auswirkungen von Aussen zu überstehen. Die „Herald Time" schrieb am 29. Juni 1998:
„Von nun an ist China der Führer in Ostasien, nicht Japan".[66]

Mit dem Beitritt zur WTO (Word Traffic Organisation) im November 1999 eröffnete sich
China riesige neue Exportmöglichkeiten. Vor allem die Hersteller von Spielzeug und
Sportgeräten, Schuhen, Taschen, Koffern, etc. und der Textil- und Bekleidungsmarkt
profitieren enorm davon und haben Millionen Arbeiter eingestellt.

Chinas Wirtschaft boomt wie noch nie zuvor.[67]

Das hat allerdings zur Folge, dass auch das Gefälle zwischen Arm und Reich,
zwischen dem Land und der Stadt immer größer wird und unter momentanen
Bedingungen kaum aufzuhalten ist.[68]

---

[63] - O. Weggel, 1994, S.156 ff

[64] - K. Seitz, 2000, S.183 ff

[65] - O. Weggel, 1994, S.157

[66] - K. Seitz, 2000, S.340 ff

[67] - K. Seitz, 2000, S.389 ff

[68] - E. Bauer, 1995, S.297

## 3.10.  Folgen des „Wirtschaftsbooms" auf die Kultur

Die Kochkunst ist einer der raffiniertesten und phantasievollsten Erfindungen der
Chinesen und es hat sich, im Gegensatz zu vielen anderen Dingen, auch bis in die
heutige Zeit retten können. Die Chinesische Küche ist immer noch Hauptausdruck
chinesischer Lebenskunst, der schon fast Gesellschaftliche Integrationsfunktion
zukommt. Noch immer sind Chinesische Restaurants in der Lage, auf der Speisekarte,
über 200 Gerichte frisch anzubieten und binnen kürzester Zeit, nach Bestellung, auf
den Tisch zu bringen.

Bei Geschäftsessen folgt die Tischordnung immer noch nach einem hierarchischen
System, bei dem der wichtigste Gast, rechts vom Gastgeber sitzt.[69]

Und auch die Einleitung eines jeden Lebensabschnitt von Geburt, über Hundert- Tage-
Fest (eine Art Taufe), Geburtstag, Verlobung und Hochzeit, Einzug, Beförderung,
Pensionierung, ja selbst die Beerdigung bietet den Chinesen einen Anlass zur
Organisation eines Festmahls.[70]

Rund ein Viertel der Chinesischen Bevölkerung ist zwischen 15 und 25 Jahren und an
ihnen wird es liegen, wie sich China in den nächsten Jahren weiter entwickelt. Man
muss sagen, dass es keine gleiche Generation Jugendlicher gibt, die als ganzes
gesehen werden kann.

„Chinesischer Jugendlicher ist nicht gleich chinesischer Jugendlicher".

Es gibt auch hier große Unterschiede. Auf der einen Seite stehen die „gaogan zidi", die
Kinder der Kader, der neureichen Privathändler und Jungunternehmer. Sie geben ihr
Geld mit beiden Händen wieder aus, besaufen und bekiffen sich, huren herum und
„verzocken" ihr Geld beim Glücksspiel.

Im Gegensatz dazu stehen die Arbeiterkinder, die noch durch Arbeit, Fleiß und
Disziplin versuchen weiter zu kommen. Die Kinder auf dem Land haben nur 2
Möglichkeiten, entweder wie ihre Väter auf dem Feld zu knechten oder abzuwandern.

In den Städten hat sich eine „Turnschuh- Generation" entwickelt, die geprägt ist von
der westlichen Welt. Es zählen materielle Dinge und Statussymbole, wie z.B.
Markensachen, mobile Telefone und das bestreben nach einem eigenen Auto, lassen
diese Jugend in eine ganz neue Richtung gehen.[71]

---

[69] - O. Weggel, 1994, S.251 ff
[70] - L. Zihua und U. Franz, 1992, S.19.
[71] - E. Bauer, 1995, S.231 ff

Auch was die Küche angeht spürt man deutlich den westlichen Einfluss, Mc Donalds und andere Fast Food Ketten, selbst Coffee Shops wachsen stetig in den Großstädten weiter und ein Abbruch dieses Trends ist nicht insicht.[72]

Doch die jüngsten Tendenzen geben Grund zur Hoffnung, denn gerade junge Köche und auch ein beachtlicher Teil der alten Gourmets, gelangen zu einer Rückbesinnung auf die echte Chinesische Küche.[73]

Auch die Traditionellen Küchen werden in den einzelnen Regionen weiter ausgebaut und vervielfältigt. Ein immer stärker wachsendes Regionalbewusstsein ist die Folge. Es entsteht ein interner Kampf zwischen den einzelnen Regionen. Das Bestreben besser und bekannter zu sein, als die Nachbarregionen, treibt die Chinesische Esskultur wohl auch in Zukunft weiter voran.[74]

---

[72] - U. Reisach, T. Tauber, X. Yuan, 2003, S.414.

[73] - Vgl. L. Zihua und U. Franz, 1992, S.28 ff

[74] - M. Hahn, 1982, S.19.

## 4.    Ausblick

China ist trotz seines steigenden Wirtschaftswachstums noch immer ein
Entwicklungsland. Die verschiedenen Regierungen Chinas haben in der Vergangenheit
bis heute schon viel erreicht, aber zu welchem Preis?
Ohne Rücksicht auf Verluste wird gewirtschaftet, darunter leidet die gesamte Natur, der
Grundwasserspiegel unter Peking ist schon um 50 Meter gefallen.
Flüsse werden durch die Industrie verschmutzt, sodass dieses Wasser nicht einmal
mehr zur Bewässerung geschweige denn als Trinkwasser genutzt werden kann.[75]
Seit dem Zuspruch zu Olympia 2008 arbeitet die Regierung nun an Maßnahmen der
hohen Umweltbelastung entgegen zu wirken, ob es allerdings Erfolg hat, wird erst die
Zukunft zeigen.
Durch die ständige Abwanderung und die fortwährende Vergrößerung und
Modernisierung der Städte befindet sich China derzeit auf einer Gradwanderung
zwischen Kultur und Moderne. Überall in den Küstenregionen entstehen neue Städte,
um die Massenanstürme auf die Großstädte abzufangen und nach Aussen zu
verlagern. So entsteht beispielsweise 30km vor Shanghai die Stadt Anting, auch
„German Town" genannt, mit Gebäuden wie sie in Deutschland üblich sind. Selbst ein
Goethe und Schiller Denkmal wurde errichtet. [76] Doch darunter leidet wieder rum die
eigene Kultur. Ein zunehmender „Multi- Kulti- Mix" durch die Vielzahl an Ausländischen
Unternehmern die sich Niederlassen, wird wohl auch China Küstenstädten
bevorstehen.
Erst die Zukunft wird zeigen, ob China den Spagat zwischen Kultur und Moderne
schaffen wird. Viele Köche haben schon verstanden, was es heißt Traditionen zu
pflegen. Nun liegt es an der Regierung den nächsten Schritt zu tun, um das Land
China, dass in seiner Kultur und Geschichte so einzigartig ist, zu schützen.

---

[75] - Focus, 22. Mai 2006, S.128
[76] - Focus 09. Januar 2006, S.99 ff

## 5.    Literaturverzeichnis

<u>Fachliteratur:</u>


- Bauer, Edgar, 1995 (Die Unberechenbare Weltmacht - China nach Deng
  Xiaoping), Berlin, Verlag: Ullstein
- Fermilant, Eunice, 1972 (Macrobiotic Cooking), New York (USA), Verlag: The
  New American Library - Times Mirror
- Fiedler, Teja und Sandmeyer Peter, 2005 (Die Sechs Weltreligionen - alles über
  Buddhismus, Judentum, Hinduismus, Islam, Taoismus, Christantum), Berlin,
  Verlag: Ullstein
- Hahn, Mary, 1982 (Das große Tao- Kochbuch) München, Verlag: F. A. Herbig
- Herrmann, Ursula und Götze, Prof. Dr. Lutz, 2003 ( Die Deutsche
  Rechtschreibung), Gütersloh/ München, Verlag: wissen media
- Heilmann, Prof. Dr. Sebastian, 2000 (Strategeme - Lebens- und
  Überlebenslisten aus drei Jahrtausenden) Darmstadt, Verlag: Scherz
- Nakamura, Jiro und Arnoldi, Marie, 1971 (Makrobiotische Ernährungslehre -
  nach Ohsawa) Heidelberg, Verlag: Fritz Gebhard
- Opitz, Prof. Dr. Peter J., 1981 (China - Geschichte, Probleme, Perspektiven),
  Freiburg/ Würzburg, Verlag: Ploetz
- Seitz, Konrad, 2000 (China - Eine Weltmacht kehrt zurück), Berlin,
  Verlag: Siedler
- Weggel, Oskar, 1994 (China), München, Verlag: C. H. Beck
- Zihua, Liu und Franz, Uli, 1992 (Die echte Chinesische Küche), München,
  Verlag: Gräfe und Unzer
- Zotz, Volker, 2000 (Konfuzius), Hamburg, Verlag: Rowohlt Taschebuch


<u>Kein Verlagsdruck:</u>


- Fietzek, Karl- Heinz, 2004 (Erklärung und Prinzipien der Altchinesischen
  Ernährungslehre)
- Shui Yun Ju (Lehrkreis für Chinesische Ernährungslehre Tai Ji Qi und Tai Ji
  Chuan)

Zeitschriften:

- Bauer, Wolfgang (2006). Deutschland, made in China. Focus, 09. Januar 2006
- Dometeit, G./ Gruber P./ Hirzel J./ Körner A./ Kühl C./ Kühl M./ Zistl, S. (2006).
  China - „Wenn ich erst richtig groß bin...". Focus, 22.Mai 2006

- 27 -

Elektronische Hilfsmittel (Internet):

- http://www.stats.gov.cn/english/newsandcomingevents/t20070301_402388091.
  htm (27.02.2007)
- http://www.zeit.de/2004/01/China_Aufmacher?page=all (28.02.2007)
- http://www.klett.ch/klett/export/download/Geobuch_Chinesen_Bewegung.pdf
  (27.12.2006)
- http://www.stats.gov.cn/english/newsandcomingevents/t20070301_402388091.
  htm (03.03.2007)
- http://www.typemagazine.org/images/235.jpg (01.03.2007)
- http://www.planet-
  wissen.de/pw/Artikel,,,,,,,AE9E10241D40615FE034080009B14B8F,,,,,,,,,,,,,,,.ht
  ml (03.03.2007)
- http://www.tcmcentral.com30/01/2003 16:03:32